U0350660

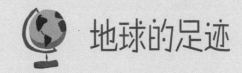

地球的足迹

动物世界的漫游者

WANDERERS OF THE ANIMAL WORLD

[捷克]马克塔·斯巴科娃／伊娃·巴托娃 文

[捷克]加纳·K·库尔多诺瓦 图

锐拓 译

云南出版集团　晨光出版社

与鸟类和蝴蝶共舞

以黑白为主色的信天翁正优雅地滑翔在海面之上。天鹅拍打着翅膀，发出巨大的声响，你听到了吗？在远处的地平线上，它们正准备开始长途迁徙。壮观的丹顶鹤群也即将远行。有的动物习惯独来独往，喜欢独自迁徙或只与家人一道迁徙。而有的动物则倾向于结伴而行，它们或是成群地迁徙，或是排成特定队形迁徙。这些飞行漫游者利用记忆中的地形图来指引前行。它们能够记住位置较高的地点，比如灯塔。当它们感到疲倦时呢？它们会借助柔和的风，让自己飘浮在空中。

飞蛾也以同样的方式迁徙。仅凭柔弱的翅膀，它们勇敢地穿过险峻的高山和无尽的海域。

不仅仅是鸟类和蝴蝶，甲虫也要迁徙。圣甲虫在迁徙途中甚至会带上一个粪球。不论风吹日晒，它都推着粪球前进，完全没有倦意。真是辛勤的劳动者啊！

鸟类迁徙时所飞行的路程各有不同，行程短的只有几百米，长的甚至是环绕地球的数万千米。它们行进的路线多种多样，就像鸟的种类也多种多样一样，它们有时从北向南，有时由东向西……

漂泊信天翁
WANDERING ALBATROSS

你曾经在海边见过这样一种鸟类吗？它拥有细长的黑色翅膀，身体是白色的，它就是漂泊信天翁——地球上最大的海鸟，它的翅膀可以盖住一个人。漂泊信天翁喜欢借助风的作用，用翅膀来让自己轻松地飘飞在海天之上，但如果风停止吹了，它就不得不坐在水面上，等着风再次吹起。你相信吗？漂泊信天翁可以在不拍动翅膀的情况下在空中飘飞长达6天，在短短两个月内，它可以飞遍整个地球！这可比"80天环游地球"的时间短多了！

 迁徙行程达
3600至20000千米

 寿命长达80年

丹顶鹤
RED-CROWNED CRANE

丹顶鹤的主色是黑色和白色。它是身材高挑的美人。当你看到它的头前后摆动着，脚旋转着、跳跃着……这是丹顶鹤在跳订婚之舞。丹顶鹤一生只有一个伴侣。它们在日本、西伯利亚以及中国部分地区的草地上或是沼泽地安家。当天气变冷时，它们会扇动翅膀飞往日本南部和韩国。在日本和中国，丹顶鹤被认为是神圣的动物。你可以在古老的传说中读到关于丹顶鹤的故事，也能在日本航空公司的标志中发现丹顶鹤。

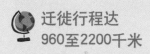 迁徙行程达
960至2200千米

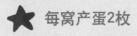 每窝产蛋2枚

黑鹳
BLACK STORK

嘿，快看！在地平线的高空之上，一只黑鹳正在炫耀它那优雅的飞行姿态！这只黑美人会去往哪里？你曾经见到过它吗？黑鹳是白鹳的近亲。黑鹳喜欢独行而不喜欢群居。它们偏爱森林，越茂密的森林，它们愈发喜欢。它们会定期飞往中欧、东欧，甚至是遥远的亚洲度过夏天。欧洲和西亚的黑鹳喜欢去非洲中部和西部沐浴阳光，其他地方的黑鹳则喜欢去印度和中国。

 迁徙行程达
5000至14000千米

 每窝产蛋3至5枚

白鹳
WHITE STORK

你能听到从白鹳嘴里发出的咔嗒声吗？原来这是雄鹳在巢中使出浑身解数吸引异性。通过嘴巴发出咔嗒声，它们向异性大声地打招呼，骄傲地炫耀着它们所筑的巢……这就是早春时节白鹳的订婚场面。那么，你知道白鹳在冬天会做些什么吗？它们要去享受阳光带来的温暖。像真正的旅行者一样，它们在每个秋天出发，去拥抱非洲火热的太阳。它们需要地图来指引这段长途旅行吗？当然不需要！它们有自己内置的"指南针"。

 迁徙行程达
2000至10500千米

 每窝产卵4至6枚

家燕
BARN SWALLOW

你知道吗？家燕是世界上分布最广的鸟类之一。它们是群居动物，身上蓝白色的羽毛闪闪发亮，喉咙处有红色的斑点，与它们非常相称。北美的家燕会向南飞到佛罗里达、安的列斯群岛，甚至中美洲和南美洲过冬。欧洲的家燕则会飞往地中海过冬。家燕成群结队地迁徙，成年的、有经验的家燕飞在最前面。它们可以不间断地飞行100至300千米，然后在一个地方停歇几日，迁徙旅程长达几个月之久。

 迁徙行程达
2500至20000千米

 它们的寿命一般是5至7年

北极燕鸥
ARCTIC TERN

北极燕鸥身材细长，翅膀狭窄，嘴巴为红色，乍看上去并不起眼。但是，如果你跟着它一起去迁徙，你定会感到惊讶。北极燕鸥生活在欧洲、亚洲和北美三地的北部，它们有的甚至会在北极地区安家。当冬季来临时，它们会飞往南极洲，在世界的另一端过冬。在飞往冬季之家的途中，它们并不是沿直线飞行，所以它们的行程达到了30000至40000千米。当南半球的冬季来临时，它们会再次北飞回到北极。因此，北极燕鸥每年都会沿着以往的路线飞越整个地球。据测算，北极燕鸥一生中飞行的旅程很长很长，几乎相当于从地球飞往月球的行程了！

 迁徙行程达
80500千米

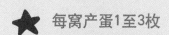 每窝产蛋1至3枚

帝企鹅
EMPEROR PENGUIN

穿着黑色燕尾服的帝企鹅，看起来像是要去参加某个重要活动吧！其实并不是喔，它们可是常年都这么穿呢！帝企鹅是企鹅家族中体形最大的一种，虽然看上去有些矮胖，但是它们却以自己的体形为傲。满身的脂肪更能帮助身在寒冷南极的它们保暖。它们喜欢在冰雪中直立行走，也喜欢把肚皮贴在雪地上像雪橇一样滑行——在翅膀的推动作用下，可以行进得更快。多亏了像鳍一样的翅膀，它们在水里的行进速度比在陆地上还快，可以潜入到深达500多米的海底！帝企鹅不会迁徙到太远的地方过冬，而是只向北方挪动一点点距离，因为要在海洋里捕猎的它们只是需要找到某个没有完全结冰的地方。

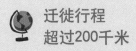 迁徙行程
超过200千米

 寿命长达20年

白嘴鸦
ROOK

白嘴鸦看上去和乌鸦有些像，但它并不是乌鸦。与乌鸦不同的是，白嘴鸦的嘴部上方是光秃秃的，腿上长有毛，像穿上了一条"裤子"，黑色的"外套"上闪耀着蓝色的光。白嘴鸦是一种群居动物，你可以在田野、花园或公园看到成群结队的它们。白嘴鸦一起觅食，一起休息，一起迁徙过冬。迁徙时，北欧和东欧的白嘴鸦飞向中欧，而中欧的白嘴鸦会在秋天飞往地中海度假，刚好错过了来自北方的白嘴鸦兄弟。西伯利亚的白嘴鸦则向南迁徙，飞到印度北部、中国南部和伊朗南部。

 迁徙行程达
1800至2500千米

 白嘴鸦的寿命长达22年

红喉蜂鸟
AMERICAN GOLDEN PLOVER

红喉蜂鸟虽然体态娇小，但样子却十分引人注目，它们生活在北美的东海岸，冬天，会迁徙到佛罗里达或中美洲。生活在热带地区的红喉蜂鸟一整年都有足够的花蜜，而生活在其他地方的红喉蜂鸟为了过冬就不得不往别处迁徙，去寻找食物。试想一下，它们迁徙的行程可达3000千米！这么长的旅程可不是闹着玩的，所以在出发前，它们会给自己增肥。在旅途中，它们会巧妙地借助风的作用，以便尽可能轻松地飞行。待到北美的植物开始复苏，红喉蜂鸟就会返回家园，开始努力工作，为植物授粉。

 迁徙行程达
3000千米

 每窝通常产蛋2枚

美洲金斑鸻
RUBY-THROATED HUMMINGBIRD

美洲金斑鸻是鸟类中的"变色龙"。在冬天，美洲金斑鸻是灰色的，身上带有斑点（见图Ⅱ），你几乎不能把美洲金斑鸻与它的近亲区分开来。而在求偶时节到来时，为了打动异性，美洲金斑鸻会盛装打扮自己，它的身上会有黑色和白色的羽毛，还有金箔在背上闪闪发光（见图Ⅰ）。美洲金斑鸻每年会迁徙很远。它生活在阿拉斯加和加拿大北部，迁徙时会向南飞到南美洲过冬，如玻利维亚、巴西南部和阿根廷中部。在迁徙的往返过程中，它并不会沿着相同的路线飞行：向南飞时，它主要是在海面上飞；而返回家园时，它在陆地上飞。一般来说，它的这趟迁徙旅程长达18000至30000千米。

 迁徙行程达
30000千米

 每窝产蛋3枚或4枚

动物世界的漫游者 地图折页 1

动物世界的漫游者 地图折页 1

❶ 帝王蝴蝶

帝王蝴蝶分阶段完成迁徙。第一代飞行500千米，第二代飞行2000千米，第三代则要飞行4000千米！帝王蝴蝶要花费半年的时间才能飞行到北边，这样它们就只剩下两三个月的时间来完成返程。

❷ 美洲金斑鸻

春天时，美洲金斑鸻在阿拉斯加和加拿大北部开始组建家庭。然后，它们会在秋天飞往南美洲它们在靠近大海的沼泽地里过冬，因为在那里总能找到好吃的东西。

❸ 北极燕鸥

燕鸥是著名的"环球旅行者"。它们的求偶行为在北极慢慢展开。迁徙时，它们会飞往世界的另一端，一路飞到南极洲过冬。小燕鸥长着棕黑色的带有斑点的羽毛，这样它就与周围的环境融合在了一起。

❹ 帝企鹅

帝企鹅们一起在南极洲的冰面上筑巢。企鹅蛋被藏在一个温暖的地方，和企鹅爸爸待在一起。当帝企鹅没有筑巢而是待在海面上时，它们就变成了漫游者，开始长途旅行。它们会潜到深海中去寻找鱼和鱿鱼。

❺ 白鹳

白鹳在整个欧洲，以及亚洲西部和非洲北部繁衍生息。冬天，它们飞往非洲的撒哈拉地区或是阳光明媚的印度。除了喜欢在烟囱上筑巢之外，它们还喜欢潮湿的草地和浅水地带，因为那里有美味的青蛙和啮齿动物。

❻ 黑鹳

从葡萄牙到欧洲中部再到俄罗斯东部的森林里，人们都能发现黑鹳的踪迹。在温暖的月份中，它们会飞往非洲中部地区。当它们身体健康并且有暖风在吹时，它们每日的飞行行程可达500千米。

❼ 白嘴鸦

不管是俄罗斯的白嘴鸦还是中欧的白嘴鸦，在秋天，它们都会向更南的地方迁徙。它们在地中海或是中欧的落脚点寻找一处开阔的空间。它们在白天外出活动，通常还有寒鸦和饥饿的椋鸟跟着它们。

❽ 红喉蜂鸟

红喉蜂鸟在夏天飞往美国北部，也有一些红喉蜂鸟偏爱加拿大南部。蜂鸟会穿越古巴和墨西哥飞往美洲中部。那些飞越墨西哥湾的蜂鸟能够飞行800千米而脚不沾地。

帝王蝴蝶
MONARCH BUTTERFLY

从蛹里挣脱出来的是什么？是黑橙相间的帝王蝴蝶吗？它还得多等一会儿，等太阳晒干它那湿漉漉的翅膀后，才能开始第一次飞行，然后飞入天空！帝王蝴蝶是名副其实的漫游者和旅行家。每年夏末，它从加拿大迁徙到墨西哥，然后在次年春天又飞回北方。实际上，帝王蝴蝶自己并没有成功返回，而是它的后代用"生命接力"的方式完成回归。帝王蝴蝶不喜欢单独行动，而是喜欢成群结队地飞行，是北美唯一一个结伴出行并像鸟类一样迁徙的蝴蝶品种。

 迁徙行程达
4700千米

 帝王蝴蝶的幼虫有4厘米长

圣甲虫
SACRED SCARAB BEETLE

某个东西正沿着大陆的亚热带和热带地区的沙地滚动。那是什么呢？原来是一个小而圆的粪球。它并不是自己在滚动，而是有一只圣甲虫在推着它滚动。因此有时，人们也称圣甲虫为"屎壳郎"。圣甲虫用后腿推粪球，并且在推粪球时头部朝下，所以，当它行进得很快时，它就看不清前面的方向。尽管如此，它还是会毫不犹豫地沿着一条完全笔直的道路行进。圣甲虫可以根据太阳和月亮的光线来找到方向，甚至在没有月光时也不会迷路，因为它总能借着银河的光找到自己的路。

 迁徙行程达700米

 以粪便为食

天蛾
DEATH'S HEAD HAWKMOTH

天蛾是欧洲最大的蛾子之一，但实际上，它并不是生活在欧洲，而是生活在非洲地区和亚洲西南地区。每年，它们从这两个地区出发，迁徙到欧洲的各个区域，有时甚至会一路飞到冰岛去。天蛾身上的颜色让其看上去就像是一只肥大的大黄蜂，胸膛上，有一块其他动物都没有的印记。仔细看看那个印记，是不是让你想到什么了？没错，它看起来像……骷髅！不过你不用害怕，它不迁徙时一般都待在树上。它会在花朵中啜饮甘甜的花蜜，有时还会去偷蜂蜜。如果被蜜蜂发现了，它就真的有麻烦了！

 迁徙行程达4500千米　　 天蛾幼虫长达15厘米

飞蝗
MIGRATORY LOCUST

向右跳，向左跳……你是不是很好奇在草叶之间跳来跳去的是什么？那是飞蝗——大自然赋予了它们强有力的腿和翅膀，让它们既能跳、又能飞。飞蝗一生中的部分时间是独自生活的，不过当天气变冷、食物短缺时，它们会成群地聚集并一起迁徙。这个时候，它们的身体会发生某些变化，最显著的是颜色改变和长度变短。飞蝗群可能由多达一百万只的飞蝗组成。它们飞行的速度像风一样快。

 每日迁徙行程达100至200千米　　 每窝产卵40至400枚

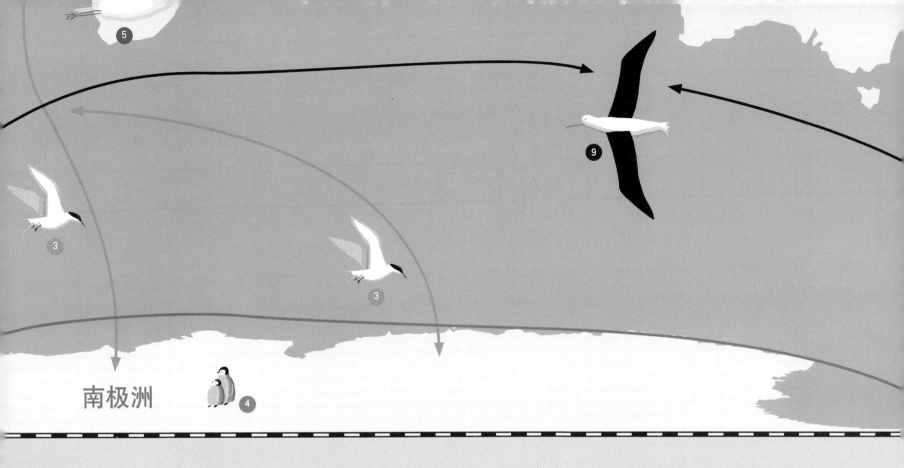

南极洲

⑨ 漂泊信天翁

漂泊信天翁所筑的巢看上去就像大蛋糕一样，在南极洲周围的岛屿和南部大陆上都能发现它们的巢。没有筑巢时，它们就聚集飞行，会环绕世界飞行很远的距离。每年，它们会带着同一个伴侣回到同一个岛上。

⑩ 丹顶鹤

在西伯利亚、日本，以及中国北部，丹顶鹤的订婚舞会在初春时节举行。在夏天和冬天，它们会寻找满是老鼠和青蛙的沼泽地作为栖息地。丹顶鹤是世界上排名第二的珍稀鹤类，现在自然界中仅存2500只丹顶鹤！

⑪ 飞蝗

飞蝗主要在地中海、南欧、亚洲、非洲和澳大利亚繁衍生息。截至目前，人们发现的最大的蝗虫群是在1889年出现的，那时蝗虫群正飞越红海。蝗虫的耳朵不像人类那样长在头上，而是长在尾部。

⑫ 家燕

家燕无处不在。夏季，它们在北美和除了西伯利亚之外的欧亚大陆上过着自由自在的生活。它们在中美洲、南美洲、非洲以及澳大利亚北部过冬。它们会在夏天的落脚地筑巢，但不会在冬天的落脚地筑巢。

⑬ 天蛾

天蛾在阿尔卑斯山脉以南的地区繁衍生息，主要是在非洲、南欧和阿拉伯半岛。在温暖的季节里，它们会翻越阿尔卑斯山前往中欧产卵。在昆虫王国里，天蛾是第二快的飞行者，仅次于蜻蜓。

⑭ 圣甲虫

圣甲虫，又名屎壳郎，生活在地中海沿岸的国家。它们带着粪球迁徙。它们会避开阳光和其他的圣甲虫。雌性圣甲虫在粪球里产卵，而幼虫就在粪球中孵化出来。

动物们都沿着什么方向迁徙呢？让我们一起跟着序号的颜色去图中寻找答案吧。

海底20000里

正如鸟类在空中迁徙一样，海洋生物也在海浪中迁徙。它们进行迁徙的原因有以下几个：一些海洋生物口味独特，需要去寻找某种食物。还有一些海洋生物则需要改变它们的生活环境——这并不是说它们厌倦了目前的环境，而是当水温发生剧烈变化时，它们除了更换环境之外没有其他的选择。除此之外，所有海洋生物迁徙的目的还有一个，那就是去寻找理想中的伴侣，不管是一生的伴侣还是季节性的伴侣。和伴侣交配之后，它们会把下一代如海龟、尖牙的鲨鱼、细长的鲑鱼或小蟾蜍以及蝾螈带到世界上。对于青蛙、蝾螈和蟾蜍来说，为爱迁徙还意味着需要付出很多努力。为了回到家乡的池塘产卵，它们必须冒着生命危险去穿过很多危机四伏的区域并克服种种障碍。想想这些，你就知道它们的爱情之旅有多辛苦了。

棱皮龟
LEATHERBACK SEA TURTLE

　　棱皮龟是世界上最大的乌龟。想象一下，它的重量相当于一头小象那么重，体形有一辆汽车那样大！尽管如此，它还是优雅地游遍了海洋。这种海龟在很多方面都是第一名，比如它是唯一一种能潜入1000米深处的乌龟。在潜水和游泳时，它会充分利用它那像鳍一样的强有力的四肢。它的前腿主要用于向前推进，后腿主要用于转向。它利用四肢迁徙到自己出生的海滩去，然后在那里产卵并寻找食物。它们最爱的食物是水母，经常从热带海洋一路追寻水母到北极水域。

 每年的迁徙行程达20557千米　　 棱皮龟习惯用"右手"

绿海龟
GREEN SEA TURTLE

　　所有的乌龟都在陆地上产卵，体形较小，通常只产下一个卵，而体形较大的，甚至会产下100多个卵！绿海龟一生中会产下七窝卵，共计达150个，所以，它也是乌龟中产卵最多的世界纪录保持者之一。绿海龟在水面上进行交配，几天之后，雌性绿海龟会在夜晚出发前往海滩，然后用前鳍在沙滩中挖一个很大的洞，并在此产卵。刚产下的卵有着坚固的外壳，其大小和形状与乒乓球类似。产卵后，海龟妈妈会用沙子填满所挖的洞，然后回到海里。小海龟们出生后，它们要先找到从洞里爬到地面上的路，然后迅速爬往水域，开始海上的第一次旅行……

 单程迁徙行程达4500千米　　★ 重达200千克

13

蓝鲨
BLUE SHARK

在所有温带和热带地区的海洋里，我们都能发现蓝鲨。它们喜欢聚集在较开阔的海域，因为那里可以捕食到成群的鱼儿，如鲱鱼和鲭鱼，甚至还能捕食到章鱼。蓝鲨的腹部是白色的，脊梁是深蓝色的，因此这也是它们名字的由来。与其他种类的鲨鱼一样，蓝鲨也要长途迁徙。它们迁徙时，通常还有一群体形较小的身上带有条纹的鱼跟在它们身后，那是引水鱼。它们在鲨鱼的旁边和正前方游动，还有鳐鱼、海龟甚至船只与它们做伴。引水鱼以鲨鱼身上的寄生虫为食，并利用鲨鱼保护自己。偶尔，它们还会得到鲨鱼吃剩的肉类。

 迁徙行程达
30578千米

 寿命长达20年

鲫鱼
LIVE SHARKSUCKER

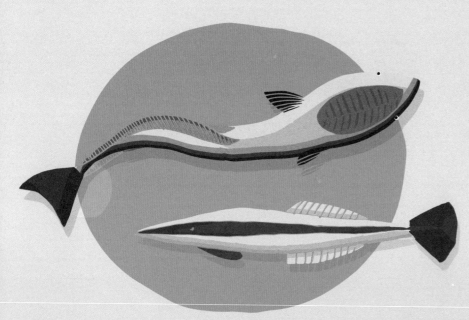

鲫鱼真的是一种十分聪明的鱼。它的脊上长了吸盘，通过吸盘的作用，它可以依附在鲨鱼、海豚、乌龟和其他体形较大的海洋生物身上，跟着它们一起远游，把它们当作自己在海里的"出租车"。它吸附得很紧，你想要徒手把它从它所依附的主人身上拉下来是不可能的。大多数情况下，它总是依附在鲨鱼的身上，和鲨鱼一起长途迁徙。如此一来，它不仅能够保存能量，这种体型较大的海洋生物也成了它的保护伞。不过，它也"不会免费搭乘"，它可以为所依附的主人清除掉身上会制造麻烦的寄生虫。

 迁徙行程达30000千米

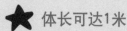 体长可达1米

鲸鲨
WHALE SHARK

鲸鲨身长8至14米，是世界上最大的鲨鱼。这种庞然大物懒洋洋地漫游在热带海洋的水域中，深色的皮肤上带有光斑和条纹，张开可以容纳五个人的大嘴巴时，看上去真的十分吓人！不过不用害怕，因为它们并没有巨大的牙齿。它们之所以把嘴巴张得如此大，是想要捕捉到尽可能多的浮游生物和小鱼。通常，它们并不急于获取食物，只是平静地在水面上绕着一条圆形路径游动着……鲸鲨喜欢独来独往，不过在食物充足的水域，它们也会与其他鲸鲨一起生活，因为大家都可以吃饱。

- -

 迁徙行程达13000千米　　 寿命在60至150岁之间

蝠鲼
GIANT OCEANIC MANTA RAY

蝠鲼的体形一定能令你印象深刻。它的身体很宽，超过了身长，翼展更超过了9米。它是世界上最大的鳐形目鱼，但仍能在水中优雅地移动。它那优雅的游姿能让人联想到鸟儿的飞翔，有时，它甚至可以跃出海面，具备较强的机动能力，是制造潜艇的完美模型。蝠鲼在热带海洋里繁衍生息，它们优雅地穿过靠近南非、加利福尼亚以及巴西南部的大陆和岛屿之间的水域，并穿过墨西哥湾，为了捕食而在广阔的海洋中迁徙……

- -

 迁徙行程达
1100千米　　 每天吃掉30千克浮游生物

大西洋鲑鱼
ATLANTIC SALMON

在大西洋北部水域，以及北海、波罗的海，还有斯堪的纳维亚半岛北部和俄罗斯北部的水域，我们都可以发现大西洋鲑鱼。它是一种银色的鱼，头上带有黑点，十分可爱。在鲑鱼的一生中，它会完成一次奇妙的旅程——从成年后所生活的海洋迁徙到出生时生活的淡水湖或河流，并在那里产卵。这趟旅行的行程可能长达数千千米，还会遇到逆流游行的情况，以及各种各样的困难。比如有时，它们就不得不跳出水面，跳上高高的堤坝，以避开饥肠辘辘的熊。它们是如何知道前进的方向的呢？原来，它们在小时候就记住了河流的样子和味道，迁徙时，只要回忆一下就能准确地知道怎么回去了。

 迁徙行程在
40至4000千米之间

 重达40千克

红大麻哈鱼
SOCKEYE SALMON

红大麻哈鱼身上的颜色十分可人。它们可以游过亚洲、北太平洋的水域，以及北美西部和西北部的水域。当你看到河水泛红时，就意味着数百万条红大麻哈鱼要开始迁徙了。在海里时，红大麻哈鱼呈银色，而当它们回到淡水产卵时，身体就变成了亮红色，头部是绿色的。在迁徙过程中，雄鱼会长出一个明显的驼峰，而雌鱼则根据驼峰来选择伴侣。特别有趣的是，红大麻哈鱼总是会回到它们出生的湖里。

 迁徙行程达1600至3000千米

 产卵后即死亡

蓝鳍金枪鱼
ATLANTIC BLUEFIN TUNA

　　许多人都知道金枪鱼，吃过金枪鱼罐头……不过，金枪鱼可不只是在圆形的罐头里哦！它是世界上体形最大、速度最快的鱼类，游泳的速度可达70千米/小时，甚至比城市中汽车的速度还快。蓝鳍金枪鱼的鳍在需要的时候可以插入到特殊的"口袋"里，让其可以像鱼雷一样移动。也正是由于它们身体的形状和独特的鳍，它们能在游泳方面完成一些非凡的壮举。蓝鳍金枪鱼还有一个特征，它们身上的肌肉有的耐力较强，有的则会在它们遇到美味的鱼类并正好需要快速填饱肚子时，帮助它们爆发性地加快速度。当在5月交配季节来临时，蓝鳍金枪会前往海岸线，产卵后，它们会再次出发踏上返程。

🌐 迁徙行程达10000千米　　　　⭐ 寿命长达30年

欧洲鳗鱼
EUROPEAN EEL

　　鳗鱼生活在欧洲所有的水域，它们在白天休息，黄昏醒来，然后出去捕食……虽然鳗鱼属于鱼类，但它却有着类似蛇一样的长长的身体，尽管看起来很瘦，但却是一位勇猛的捕食者，可以潜到河底或海底深处，并在泥浆中行动，甚至能在陆地上短暂停留。在迁徙途中，它会遇到种种障碍，其中包括堤坝和水闸。但为了到达目的地，鳗鱼不得不克服这些艰难险阻，从淡水河迁徙到马尾藻海，以建立家庭。其中一些鳗鱼的迁徙行程可达7000千米！

 迁徙行程可达7000千米　　　　 血液有毒

绿蟾蜍
GREEN TOAD

蟾蜍并没有俊美的外表，但相比于其他种类的蟾蜍，绿蟾蜍身上带有绿色的斑点，就显得十分漂亮！与其他蛙类不同，绿蟾蜍不在水域附近生活，只是偶尔会去池塘或者水塘。当它们想要组建家庭时，就会在某个水域碰头。它们的迁徙行程达5千米，这对蟾蜍来说算是比较长的旅程了。而且，如果它在行程中需要穿过一些高速公路，还可能遇到危险……就算没有遇到危险，这也可能会花掉它们半小时的时间！尽管在今天，蟾蜍的爱情之旅充满了各种艰难险阻，但是它们从不放弃，并成群结队地继续着它们的旅程。

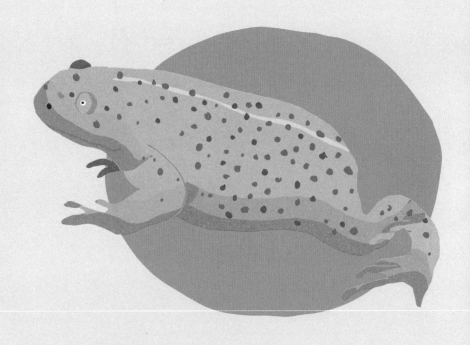

 迁徙行程在0.05至5千米之间　　 在夜间很活跃

蝾螈
SMOOTH NEWT

蝾螈看上去有点像蜥蜴，这也许是因为它们的尾巴，或是因为它们经常在陆地上出现，而不是在水里。与蜥蜴相比，蝾螈的皮肤颜色更深，腹部呈橙黄色——这使得其腹部上的斑点图案十分显眼。它们在水里旅行，这一点与青蛙相似。在春天，当它们想要组建家庭时，就会回到水域度过一个长长的假期，从春天开始一直待到七月，而剩下月份里，它们都在陆地上生活。在冬天，它们会用树叶裹住自己或者爬进洞里。人们有时会帮助蝾螈回到水域，方法是像捉青蛙一样，把它们放置在高速公路附近的篮子里，然后直接把它们运到池塘里去！

 迁徙行程达7千米　　 身体只有10厘米长

圣诞岛红蟹
THE CHRISTMAS ISLAND RED CRAB

雨季已经来临，成千上万的"红钳子"开始动起来了……从十月到十一月，数百万只红蟹爬满了印度洋的圣诞岛。它们从洞中或其他藏身之所爬出来，开始了为期几天的行军。行军路程并不算长，但着实辛苦，因为它们要穿越公路、铁路、桥梁，甚至是高尔夫球场。最后为了回到海边，它们甚至还要爬上很高的斜坡，过程中，难免会有很多红蟹翻滚下来，这才是最考验它们勇气的！既然如此辛苦，它们为什么还要走这样的路呢？当然是为了到海滨去寻找它们的理想伴侣。实际上，红蟹的漫游就是一场求爱之旅。

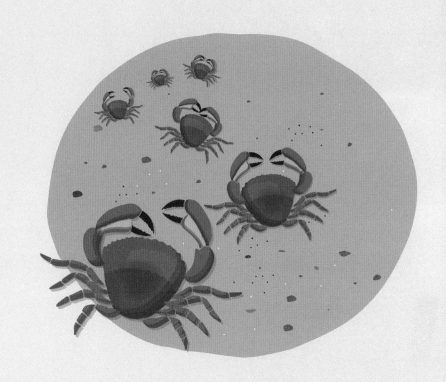

 18天内可迁徙8千米   它们生活在洞穴中

眼斑龙虾
CARIBBEAN SPINY LOBSTER

眼斑龙虾是一种十分奇特的动物，它们身上是深浅不一的橙色和白色，有许多只脚和触角。看！它们正沿着海底前进——六只大眼龙虾正排成一列向前行进，就像一列行走的火车一样。这肯定是由龙虾爸爸带领的家庭队伍吧！这种甲壳类动物经常需要从它们的家迁徙到35千米以外的地方。你觉得这不算远吗？请记住，在起伏的海底，可没有任何的固定地点能帮助它们找到方向。尽管如此，它们却总能安全地找到回到岩石缝隙和珊瑚礁的路。除了日常要出去寻找食物外，眼斑龙虾还要每年从浅海处的珊瑚礁迁徙到深海——它们在浅海处的珊瑚礁完成交配，在深海过冬。

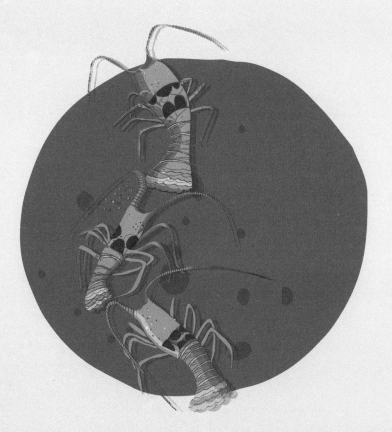

 迁徙行程达1600千米   身体长度在20至60厘米之间

19

印度洋

南极洲

⑨ 蓝鳍金枪鱼

蓝鳍金枪鱼在大西洋、太平洋、地中海以及黑海的水域繁衍生息，夏天时，它们甚至可以在北海生活。冬季时，它们会成群结队地向南迁徙，到达更温暖的水域。然后，次年春天，它们又会回到北边。蓝鳍金枪鱼的体形较大，可达3米长，500千克重。

⑩ 欧洲鳗鱼

欧洲鳗鱼生活在从希腊到不列颠群岛再到斯堪的纳维亚的欧洲水域中，甚至在小亚细亚和非洲西北部也能发现它们。它在成年后会花上一年半的时间从大西洋游到马尾藻海，在那里产卵，然后结束生命。它的幼崽形似柳叶，它们会顺着墨西哥湾洋流向欧洲方向漂去。漂泊旅程长达3至4年。

⑪ 绿蟾蜍

绿蟾蜍几乎遍布整个欧洲、北美、西亚，以及亚洲所有温带并一直延伸到蒙古西部的区域。晚上，它们在路灯下聚集，捕捉被灯光吸引的昆虫。它是唯一一种能在撒哈拉沙漠的绿洲中生活的两栖动物！

⑫ 光滑的蝾螈

蝾螈在沼泽地以及除了伊比利亚半岛之外的整个欧洲的山区中繁衍生息。它们的趾间长有一层膜，尾巴上长有一个褶边，正因为如此，它们成了水中游泳能手。在交配季节，雄性蝾螈会在水下跳舞以吸引异性。

⑬ 眼斑龙虾

眼斑龙虾主要在靠近古巴、佛罗里达和牙买加的加勒比海繁衍生息。它在白天藏于水下的洞穴中，夜晚才出来捕食。

⑭ 圣诞岛红蟹

印度洋的圣诞岛上生活着1亿只红蟹。雨季的第一场雨后，它们会从洞穴中出来，迁徙到圣诞岛的海滩上。它们那锋利的钳子甚至可以刺破轮胎。迁徙行程并不算长，但着实辛苦，它们要穿越铁路、桥梁和公路。

动物们都沿着什么方向迁徙呢？让我们一起跟着序号的颜色去图中寻找答案吧。

穿越高山、沙漠和海洋

在动物界，饥饿感会导致一段让动物们筋疲力尽的漫长旅程。那是一段去寻找水源或者食物的旅程。就以打破许多项记录的阳光充足的非洲来举例吧，世界上最大的陆地动物和猫科动物的栖息地是非洲，最长的动物迁徙行程也发生在非洲。确切地说，这种动物的迁徙应称为大迁徙。想象一下，口渴和寻找新水源的需求驱使着成群的大象和非洲水牛在炎热的非洲大草原上穿行数万千米，那场面何其壮观！不过，打破纪录的并不是只有它们。在世界的另一端，你可以找到成群的叉角羚在迁徙过程中穿越北美一口气行走160千米。

大多数鲸类喜欢寒冷的天气。在气温较高的月份里，它们会动身向着北方的水域行进，迁徙到极冷的地方。不过，当它们想要生育后代时，它们则会游到更温暖的海水中，因为刚出生的鲸类并没有那么多的皮下脂肪。由于鲸类看上去很笨拙，所以你可能会认为它们不会长途迁徙，但其实某些鲸类能迁徙6500千米，真是令人难以置信。加起来，它们一生中所游走的路程有800000千米，让人不得不感到惊叹！

牛羚
BLUE WILDEBEEST

世界上最奇怪的动物当属牛羚了。只看它的身体，你会想到马，只看它头上的角，你会想到水牛，而只看它的尾巴……你会想到非洲大草原之王狮子。牛羚在其他方面也与众不同，比如每年会有150多万的牛羚踏上一段遥远的危险征程。斑马群和牛羚群的队伍足足有数千米长，真可谓是名副其实的"大迁移"。为什么这么多的动物要同时迁徙呢？因为它们要去寻找水源以及富含矿物质和维生素的营养食物，牛羚自己以及它们的后代都需要这些。

 一生中的迁徙行程达50000千米　　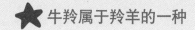 牛羚属于羚羊的一种

平原斑马
PLAINS ZEBRA

黑白条纹的"美人"斑马总是与牛羚一同迁徙，有的甚至会跟着它们完成从坦桑尼亚的塞伦盖蒂草原到肯尼亚的马赛马拉的全部行程。迁徙的斑马十分清楚与牛羚一同迁徙的优势。斑马视力较好，而牛羚听觉较好，嗅觉也更灵敏，所以它们在一起的话，就能更及时地发现危险。诸如土狼、猎豹和狮子之类的食肉动物都对这些可口的动物虎视眈眈，但最危险的还在后面——斑马群和牛羚群必须设法渡过玛拉河，那里面满是饥肠辘辘的鳄鱼……

 迁徙行程达3200千米　　 斑马的寿命长达40年

非洲水牛
AFRICAN BUFFALO
—

初看上去，非洲水牛似乎对除了吃草和反刍之外的事情都不感兴趣，但是，你最好不要掉以轻心！因为当它生起气来，甚至会追赶狮子。而当受到威胁时，非洲水牛会跑得非常快，甚至能把非洲最大的食肉动物撞倒。非洲水牛喜欢与同伴在一起过群居生活。在白天，它习惯和其他动物一起休息，在阴凉处躲避阳光。它也喜欢在水里或泥里打滚，以这样的方式来给自己降温。而当它们生活的地方的水开始退去并消失时，非洲水牛就会和其他水牛一起开始一场漫长的寻找水源和食物的迁徙。

 迁徙行程达3200千米　 雄性水牛可重达1200千克

非洲大象
AFRICAN BUSH ELEPHANT

大家都知道大象的样子——两只大耳朵、两根大象牙、一个大鼻子以及一个在身形和力量上其他任何陆地动物都无法与之比拟的身体。毫无疑问，非洲大象是陆地上最大的动物。不过，你知道非洲大象是以溜步法行走的动物吗？也就是说，它身体一侧的两条腿是同时向同一个方向移动的。它以这样的方式长途迁徙去寻找食物，每天吃草的时间达20个小时以上！要维持这样庞大的身体的运转需要做许多工作，所以它也就没有多少时间可以来睡觉了。大象迁徙不仅仅是为了寻找食物，也是为了寻找水源，它可以在几千米之外嗅到水的气息。当然，没有什么比在泥里泡个清爽的澡更好的了——这可是大象的最爱！

 迁徙行程达500千米　　　　 寿命长达70年

叉角羚
PRONGHORN

叉角羚因其头上形状独特的角而得名。和赤鹿一样，雄性叉角羚头上的角会在秋天脱落。叉角羚在北美草原上繁衍生息，以各种各样的植物为食。你知道吗？叉角羚是世界上速度第二快的动物，仅次于猎豹。在短距离内，它可以达到每小时88.5千米的速度！当它长距离奔跑时，它的速度也可以达到最快速度的一半。叉角羚那敏捷的腿仿佛就是为了一年一度的迁徙而生，它一次可以不停歇地奔跑160千米！这是北美领土上陆地哺乳动物一次性所能行走的最远距离。

 迁徙行程达160千米　　 寿命长达70年

高鼻羚羊
SAIGA ANTELOPE

在冰河时代，高鼻羚羊和长毛象一起漫步在草原上。时至今日，长毛象已经灭绝了，而高鼻羚羊仍然漫步在中亚的草原上。很难找到比这种长有大鼻子的漫游者更奇怪的羚羊了。你看，它那奇形怪状的鼻子是不是像树干？也许正是由于这个不同寻常的鼻子，它才在荒芜大草原的严苛环境下生存了下来。高鼻羚羊喜欢群居生活，习惯聚集成大大小小的团体一起生活。它们一直在不断活动，每天可以行进100多千米！那么，什么是它们迁徙的动力呢？那就是它们对美味的草本植物、地衣和其他植物的渴望啦！

 迁徙行程达1000千米　　 高鼻羚羊经常生三胞胎

25

象海豹
Elephant Seal

两只雄性象海豹正在为赢得异性而打斗。它们相互攻击着，炫耀着它们那令人印象深刻的美丽鼻子。对！以鼻子为傲的动物不只有大象，最大的鳍足类动物象海豹也有一个能让它们引以为傲的鼻子。当然，只有雄性象海豹有鼻子。交配季节，它们会利用鼻子对对手进行侵略、攻击和朝它们吼叫。在陆地上时，象海豹看上去也许有点不太协调和笨拙，但在水下，它们却是游泳好手和潜水能手。因此当在海岸上时，它们只是懒洋洋地躺着和休息。在交配、蜕皮或后代出生时，象海豹会在陆地上待上一段时间，接着，它们就回到水中啦！

 每年的迁徙行程达 20000千米

 它们可以潜水2千米

海象
Walrus

有一种动物有时是粉红色，有时是深红色，有时又是棕色或者灰色……它是什么呢？当然是海象啦！海象那褶皱的皮肤下有一层厚厚的脂肪，因此它的身体可以在短时间内变换多种颜色。在学游泳时，它的身体会变成棕色；进行日光浴时，由于阳光的照射，它的身体会变成粉红色。海象是群居动物，喜欢一起晒太阳和闲荡。既然有那么多机会在水里享受生活，为什么还要在陆地上艰难地努力工作呢！和象海豹一样，海象也是游泳好手，还是更优秀的潜水能手。不过，在迁徙季节，它们会遇到诸多困难。所以，它们有时会与其他动物一起在冰山上迁徙，从而节省体力。

 迁徙行程达3500千米

 雄性海象的长牙有1米长

28

驼背鲸
HUMPBACK WHALE

驼背鲸遍布在世界各地的海洋中。和许多其他的鲸类相似的是，在较温暖的月份里，它们通常在北极附近的寒冷水域中度过，但当天气变得更冷时，它们就会转移到稍微暖和些的海域。驼背鲸之所以要迁徙，并不是因为担心自己的鳍会被冻住，而是为了它们的后代。尽管小幼崽出生时重达1吨，像一辆汽车那么大，但它们身上没有那么多的脂肪御寒。除了对旅行感兴趣外，驼背鲸还喜欢唱歌。雄鲸哼唱的旋律和短歌，在海上甚至水下都能听到，它们是海里声音最大的鲸鱼。

 迁徙行程达9800千米　　 **身长达13至16米**

蓝鲸
BLUE WHALE

你曾见过大海上高高的间歇喷泉吗？那也许是一头蓝鲸呼气时喷出的一个9米高的间歇泉。蓝鲸体形真的十分庞大，实际上，它是有史以来我们所知道的最大的生物。它长达33米，重达200多吨——相当于27头大象加在一起的重量！要维持如此庞大的身体的运转可不是一件容易的事情，所以它真的需要努力工作才能养活自己。它以海洋中最小的甲壳类动物为食，所以每天要猎食数百万只。由于饥饿，它会展开漫长的海上迁徙，但在迁徙时，它不会跨过赤道。

 一生中的迁徙行程长达800000千米　　 **寿命长达80至110年**

南极洲

⑧ 平原斑马

为了寻找水源和食物，平原斑马在非洲各国之间迁徙，它才没有边界的概念呢。在迁徙途中，它克服了河流沿线的各种困难——河里有很多鳄鱼，甚至还有栅栏。小斑马是棕白色的，不过，它身上的棕色最终会变成黑色。

⑨ 蓝鲸

在初冬，蓝鲸会迁徙到热带水域，在那里完成交配并生育下一代。在春天，为了寻找食物，它又会带着还在哺乳期的幼崽回到较冷的水域。除了北冰洋被冰覆盖的区域外，在世界上的各大海洋中都能发现蓝鲸。

⑩ 海象

海象生活在加拿大、格陵兰岛和欧亚大陆

北部的部分地区。它们每年在秋天迁徙到南边稍暖和些的水域。海象可以一口气游250千米！

⑪ 南方象海豹

南乔治亚岛是象海豹的天堂，南半球的象海豹大部分都生活在那里。它们以各种甲壳类、墨鱼、鱿鱼或鳐鱼为食，但在陆地上它们不吃东西。它们的迁徙行程可达上万千米。

⑫ 驯鹿

驯鹿生活在北欧、亚洲、格陵兰岛和几个北极岛屿的苔原上。它在冬季之家和夏季之家之间来回迁徙最是辛苦。岛上的驯鹿无须迁徙很远的距离。这种驯鹿中的雄性和雌性都有令人印象深刻的鹿角！拉着圣

诞老人雪橇的也正是驯鹿。

⑬ 高鼻羚羊

高鼻羚羊生活在从中亚大草原到东欧低地之间的地区。觅食时，它们一天可以行走几十千米，而在迁徙季节时，它们一天甚至可以行走几百千米。

⑭ 西伯利亚虎

西伯利亚虎栖息在俄罗斯东部的山区以及中国东北部和朝鲜北部的偏远地区。西伯利亚虎喜欢洗澡，它们可以轻易地穿越西伯利亚的河流。据估计，目前世界上仅存300来只野生的西伯利亚虎。

动物们都沿着什么方向迁徙呢？让我们一起跟着序号的颜色去图中寻找答案吧。

动物世界的漫游者

　　和地球上这些最了不起的动物一起踏上迁徙之旅，领略动物世界中最惊险的旅行、最壮观的队伍、最顽强的生命、最美丽的瞬间……

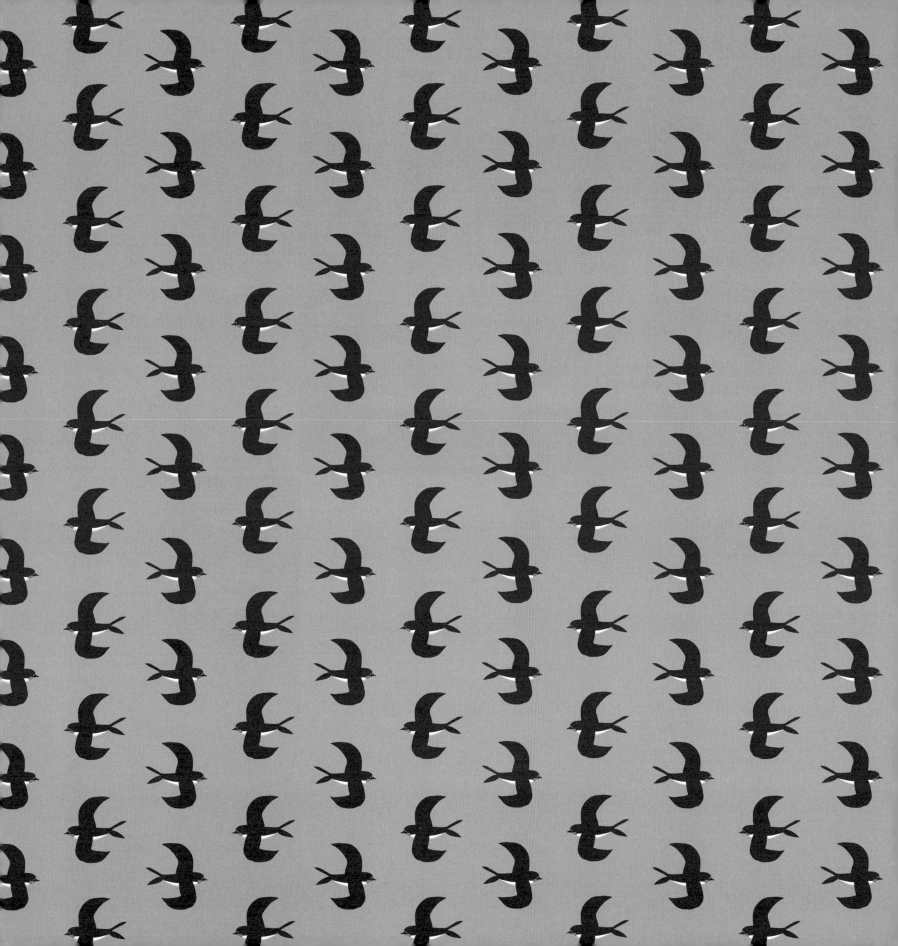

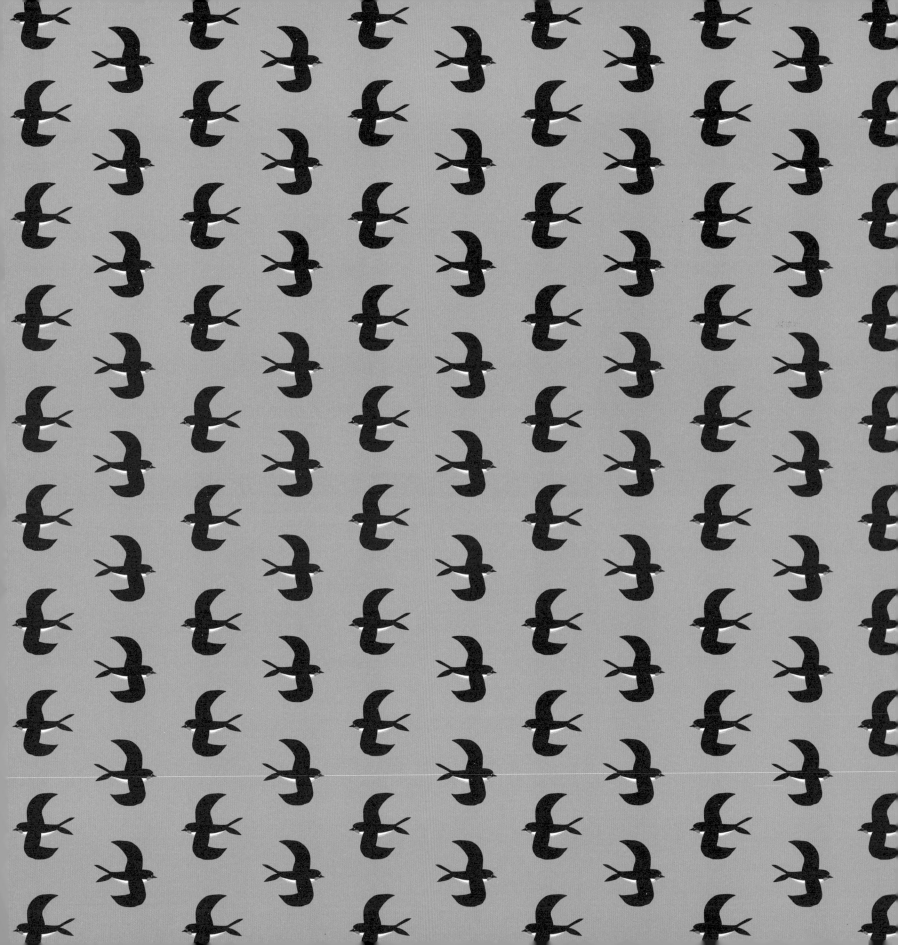